Premières Notions

d'Histoire Naturelle

d'Économie domestique

autographiées

Pour exercer à la lecture des Manuscrits

Ouvrage autorisé
Par le Conseil de l'Instruction publique

TROISIÈME CAHIER

Animaux sauvages

Paris

Librairie de L. Hachette et Cⁱᵉ

Rue Pierre-Sarrazin, Nº 14

(Près de l'École de médecine)

Animaux Sauvages.

Le Lion.
1re Leçon.

De tous les animaux féroces, le plus fort, le plus terrible, c'est le Lion, aussi l'appelle-t-on ordinairement le Roi des animaux. Sa tête est grosse, belle et remplie d'expression. Les formes de son corps sont bien proportionnées, ses pattes sont courtes et nerveuses; sa tête, son cou et ses épaules sont garnies d'une crinière épaisse; sa queue traîne à terre et se termine par une touffe de poils. Sa voix est effrayante, et lorsqu'il rugit la nuit dans les forêts ou dans les déserts, on croirait entendre le bruit du tonnerre. Il a tant de force de corps, qu'il fait avec la plus grande facilité des sauts et des bonds prodigieux. D'un seul coup de son énorme patte à cinq griffes, il peut écraser la tête d'un cheval, et d'un coup de sa queue il pourrait terrasser un homme. Il n'est pas à beaucoup près, aussi gros que l'Éléphant ou le Rhinocéros, mais il ne craint pas de les attaquer. L'Éléphant le combat avec ses défenses; lorsqu'il parvient à le saisir avec sa trompe, il le serre, l'étouffe ou le jette à une grande distance, ou le foule aux pieds en l'écrasant de sa lourde masse. Après l'Éléphant et le Rhinocéros, il n'y a d'autres animaux que le Tigre et l'hippopotame qui puissent résister au Lion. Quand il veut attaquer un animal d'une grande force, il tâche de le surprendre, il se cache derrière un buisson et il attend sa proie jusqu'à ce qu'il puisse se précipiter sur elle d'un seul bond. Lorsqu'il se jette sur un buffle, il lui plonge ses ongles dans la gorge, lui fait courber la tête contre terre et s'attache à sa victime jusqu'à ce qu'elle expire après avoir perdu tout son sang; il l'emporte souvent à une grande distance pour le dévorer. Il se nourrit surtout de gazelles et de singes. On assure que la chair qu'il préfère est celle du chameau.

1864

Il mange beaucoup à la fois et souvent pour trois ou trois jours. Il a les dents si fortes qu'il brise aisément les os et les avale avec la chair. Du reste qu'il supporte longtemps la faim, mais fort peu la soif.

Les ongles du lion sont longs, pointus et tranchants, c'est une arme puissante dont il se sert pour déchirer sa proie. Sa langue est dure comme une râpe et hérissée de pointes aiguës, il s'en sert pour diviser la chair qu'il avale sans la mâcher.

On croit que le lion n'a pas l'odorat aussi fin ni les yeux aussi bons que la plupart des autres bêtes féroces. La grande lumière du soleil paraît le gêner, il marche rarement dans le milieu du jour, c'est pendant la nuit qu'il fait toutes ses courses. Quand il voit des feux allumés autour des troupeaux il n'ose pas en approcher.

Lorsque le lion est en colère il remue la peau de sa face, de son front, et les sourcils épais; il redresse sa crinière, il bat ses flancs et la terre avec sa queue, et pousse des rugissements épouvantables. Tous les animaux s'enfuient à son approche.

Quelque terrible que soit le lion, des hommes à cheval lui donnent quelquefois la chasse avec des chiens de grande taille. On le tue à coups de fusil mais presque jamais d'un seul coup. On le prend souvent par adresse en le faisant tomber dans une fosse profonde qu'on a recouverte avec de petits branches d'arbres et du gazon. On attache au-dessus un animal vivant, le lion s'élance sur sa proie, et il se précipite de lui même dans la fosse, sans qu'il lui soit possible de remonter. Dès qu'il est pris, il devient doux, et si l'on profite des premiers moments on peut facilement l'attacher, le museler et le conduire où l'on veut.

Les habitudes du lion sont à peu près celles du chat avec lequel il a beaucoup de ressemblance. Il vit le plus souvent seul. Quand il a faim, il se jette sur tout animal qui se présente à lui; mais quand il a bien repu, il se reposerait au bord d'une source, soit dans sa caverne, il ne se dérange plus, même quand il passerait près de lui des animaux dont il fait sa nourriture. Ce n'est point de la générosité, c'est de l'insouciance.

Le lion lorsqu'il est pris jeune, peut s'apprivoiser jusqu'à un certain point. Il s'accoutume à vivre avec les animaux domestiques. On a vu souvent dans les ménageries prendre des chiens en amitié et les traiter avec bonté. Il y en avait un au jardin de Roissayout pour compagnon un chien qui vivait très familièrement avec lui. Tous les deux jouaient ensemble, comme s'ils avaient été de la même espèce. Le lion prenait le chien doucement entre ses pattes et ne le blessait jamais. Souvent le chien se jetait sur la crinière du lion, lui mordait les oreilles, et jamais il ne l'était repoussé, quelquefois même le lion baissait la tête et se couchait sur le dos pour que le chien pût jouer plus facilement avec lui. Ce chien vint à mourir. Le lion privé de son ami en éprouva un grand chagrin. Il perdait l'appétit et exprimait sa tristesse par de sourds gémissements. On lui donna un autre chien qui ressemblait au premier, et il le dévora. On en mit un troisième dans une loge voisine; le lion s'accoutuma à le voir à travers la grille qui les séparait, et au bout de quelque temps, on les mit ensemble. Le chien fut bien accueilli, le lion l'aima jusqu'à sa mort avec la même tendresse que le premier.

Lorsqu'on irrite le lion ou qu'on le maltraite, il s'en souvient et il s'en venge s'il en trouve l'occasion. Mais aussi il est sensible aux bons traitements, il obéit à son maître, et il flatte la main qui le nourrit. On a vu le maître d'une ménagerie, entrer tous les soirs dans la loge d'un lion et d'une lionne qui lui appartenaient, les obliger à se coucher à ses pieds, exciter leur colère et sortir de là après plusieurs minutes, sans qu'ils lui eussent fait aucun mal.

La lionne est moins forte, moins courageuse et plus tranquille que le lion; mais elle devient terrible dès qu'elle a des petits. Sa hardiesse est alors extrême, elle ne connaît point le danger et elle se jette sur les hommes et sur les animaux qu'elle rencontre; elle leur donne la mort et chargée de sa proie, la porte et la partage à ses lionceaux auxquels elle apprend de bonne heure à sucer le sang et à déchirer la chair. Ordinairement elle dépose ses petits dans des endroits très-écartés et dont il est très difficile d'approcher. Lorsqu'elle craint d'être découverte, elle cache la trace de son passage en retournant plusieurs fois sur ses pas qu'elle efface aussi quelquefois avec sa queue. Quand elle croit qu'on veut lui enlever ses petits, elle les transporte ailleurs et si on essaie de les lui prendre, elle devient furieuse et les défend jusqu'à la dernière extrémité.

Le lion ne se rencontre que dans les pays les plus chauds. On n'en trouve pas en Europe; ceux qu'on voit dans les ménageries viennent pour la plupart, de l'Afrique.

La durée de la vie du lion est d'environ vingt-cinq ans. Les plus grands ont deux à trois mètres de longueur, depuis le mufle jusqu'au commencement de la queue qui est elle-même longue d'un mètre. Leur hauteur approche de deux mètres. La lionne est beaucoup plus petite que le lion; elle n'a pas de crinière; la couleur du lion est fauve sur le dos et blanchâtre sur les côtés. Sa chair est d'un goût désagréable, cependant on dit que les nègres en mangent. Sa peau leur sert de manteau et de lit. On en fait aussi des garnitures de selle et des sièges de carrosse, en Europe.

Le Tigre.

2ᵉ Leçon.

Parmi les quadrupèdes carnassiers, c'est-à-dire qui se nourrissent de chair, le Lion est le premier par la force, le Tigre est le second. Mais de ces deux animaux, et même de tous les animaux féroces le Tigre est le plus à craindre. Le Lion n'attaque pas l'homme à moins d'être pressé par la faim ou d'être lui-même attaqué. Il ne donne la chasse aux autres animaux que quand il sent la nécessité de pourvoir à sa nourriture. Le Tigre, au contraire, éprouve le besoin de détruire, même quand il est rassasié de chair; il semble toujours avoir soif de sang. Quand il a dévoré une proie, il en déchire une nouvelle avec la même rage. Il désole, par sa cruauté, le pays qu'il habite. Il ne craint ni l'homme ni ses armes. Il égorge les animaux domestiques et les bêtes sauvages, attaque les petits Éléphants, les jeunes Rhinocéros et quelquefois même le Lion. Ordinairement, il attend, dans le voisinage des fleuves et des rivières les animaux qui y arrivent pour se désaltérer. C'est là qu'il choisit sa proie, ou plutôt il se précipite sur tout ce qui se présente, car souvent il abandonne les animaux qu'il vient de tuer pour en égorger d'autres. Il leur fend et leur déchire le corps, il y plonge sa tête pour sucer le sang dont il n'est jamais rassasié. Cet animal est tellement féroce, que souvent il dévore ses propres petits et déchire leur mère lorsqu'elle veut les défendre. Sa rage augmente et ne distingue rien. Tous les animaux qu'il peut apercevoir résistent à sa fureur et deviennent ses victimes. Il est obligé, comme le Lion, de se cacher pour les surprendre; car il leur inspire à tous une telle frayeur, qu'ils l'évitent autant qu'ils le peuvent et cherchent à lui

s'échapper par la fuite. Quand il a mis à mort quelque gros animal,
comme un cheval, un Buffle, il ne l'éventre pas à l'endroit où il
l'a surpris, s'il craint d'être poursuivi. Pour le dévorer à son aise,
il l'emporte dans les bois, et il a tant de force, qu'il peut encore
courir très-vite quoiqu'il traîne avec lui un fardeau aussi pesant.
Ses pattes sont un peu plus courtes, mais aussi nerveuses que celles
du lion. Il fait des bonds prodigieux, comme le chat, qui lui
ressemble beaucoup. Il a le corps très-allongé, les plus grands
ont 3 mètres de longueur. Il n'a pas de crinière; les poils qui le
couvrent ont trois ou quatre centimètres de longueur, excepté sur les
côtés de la tête, au-dessous des oreilles où ils ont jusqu'à 12 centimètres.
Ses yeux sont hagards et annoncent la férocité; sa langue est
couleur de sang et toujours hors de la gueule. Sa tête est plus petite
que celle du lion. Sa queue est très-longue et ressemble à celle du chat.

Le Tigre fait mouvoir la peau de sa face, il frémit, il rugit comme
le lion, mais son rugissement est moins fort et plus rauque.

Cet animal s'apprivoise difficilement. Malgré les grilles derrière
lesquelles il est enfermé, il cherche souvent à se précipiter sur ceux
qui l'approchent; il grince des dents, ses yeux étincellent et on voit
qu'il est toujours prêt à dévorer.

La Tigresse est un peu plus petite que le Tigre, mais elle a le même
caractère féroce et sanguinaire. Comme la lionne, elle choisit les endroits
les plus déserts, pour y déposer ses petits. Elle en a ordinairement quatre
ou cinq; tant qu'ils sont avec elle, elle est encore plus furieuse que dans les autres
temps; si on essaye de les lui enlever, sa rage ne connaît aucun danger. Elle poursuit
ceux qui les emportent, et souvent ils sont obligés de lui en rendre un pour éviter
les effets de sa colère; elle s'arrête, emporte celui-ci pour le mettre à l'abri, et revient quelques instants après pour essayer de reprendre les autres; lorsqu'elle
ne peut y parvenir, elle exprime sa douleur par des hurlements affreux
qui font frémir tous ceux qui les entendent.

Le Tigre n'habite que les pays chauds, on n'en rencontre qu'en Asie;
en Afrique, on trouve le Léopard et la Panthère; ce sont des animaux du
même genre, mais plus petits; ils ont également le poil ras, d'un jaune
vif sur le dos, blanc sous le ventre, mais la peau du Tigre est
rayée de noir en travers, tandis que chez les deux autres la couleur noire est déposée en
forme de taches. Les animaux féroces qui habitent l'Amérique sont bien
inférieurs en force au lion et au tigre.

On fait la chasse du Tigre, à peu près de la même manière que celle du lion. C'est un
plaisir que se donnent souvent les souverains de l'Asie et les chefs des peuplades sauvages

Le Loup.
3ᵉ Leçon.

Le Loup est aussi un animal carnassier, c'est-à-dire qui ne vit que de chair. Il demeure dans les bois. Pour satisfaire son appétit, il poursuit les animaux sauvages plus faibles que lui, ou il les guette et les attend dans l'endroit où ils doivent passer, pour les dévorer. Lorsqu'il n'a pu parvenir à en surprendre, il sort des bois et quand il soit très pressé, il devient hardi par besoin, il brave le danger et vient attaquer dans les campagnes les hommes, les femmes, les enfants, les troupeaux. Il s'élance ordinairement de préférence sur les animaux qu'il peut emporter aisément, comme les agneaux, les petits chiens, les chevreaux; sur tout il vient rôder la nuit autour des fermes et des bergeries; il gratte la terre, et creuse sous les portes et quand il parvient à pénétrer dans les habitations, il tue tout ce qu'il rencontre, puis il choisit sa proie et l'emporte.

C'est à raison de sa férocité et des dégâts qu'elle lui fait commettre que l'homme lui fait partout la guerre. Souvent les habitants des campagnes se réunissent pour le poursuivre, on le cerne, on l'enferme jusqu'à ce qu'on soit parvenu à l'atteindre, à le terrasser et à le mettre à mort.

Le loup a environ un mètre de haut, il a les oreilles courtes et dressées, il porte la queue droite, tandis que celle du chien est retroussée; mais s'il ressemble beaucoup au chien par la forme, il en diffère infiniment par le caractère; ce sont deux ennemis jurés. L'odeur seule du loup fait fuir le chien, mais il est de gros chiens qui l'attaquent avec courage et quelquefois avec succès. Lorsque ces deux animaux se battent, ils ne se quittent que lorsque l'un des deux reste mort sur la place.

Le Chien est bon, fidèle, courageux, attaché à son maître; il aime la compagnie des autres animaux, il les suit et souvent les protège; le loup est lâche, cruel, sauvage, il vit seul et ne fait que rarement société avec ceux de son espèce. Quand on en voit plusieurs ensemble, c'est pour attaquer quelque gros animal comme un cerf, un bœuf ou un cheval. Le loup même quand il a été pris jeune ne perd jamais en maître ... ses habitudes naturelles : à dix-huit mois ou deux ans on est forcé de l'enchaîner pour l'empêcher de s'enfuir et de faire du mal.

Les loups sont si féroces qu'ils se dévorent entre eux; et lorsqu'un loup a été blessé, les autres le suivent pour achever de le tuer et pour le manger.

La louve a ordinairement cinq, six et quelquefois jusqu'à neuf petits. Elle leur prépare une demeure au fond et dans l'épaisseur des bois, et leur fait un lit commode avec de la mousse qu'elle apporte en grande quantité, après avoir arraché avec ses dents les épines qui pourraient les incommoder. Elle les allaite pendant quelques semaines, et leur apprend à manger de la chair, qu'elle leur prépare en la mâchant. Quelque temps après, elle leur apporte des mulots, des souris, des volailles vivantes : les petits louveteaux commencent par jouer avec elles, et finissent par les étrangler. La louve les déplume, les écorche, les déchire et en donne une part à chacun. Ils ne sortent de l'espèce de fortouis dont ils sont nés qu'au bout de six semaines ou deux mois; ils suivent alors leur mère qui les mène boire dans quelque tronc d'arbre ou dans quelque mare voisine, puis elle les ramène au gîte ou les oblige à se cacher ailleurs lorsqu'elle craint quelque danger. Quand on les attaque, elle les défend avec fureur et elle s'expose à tout pour les sauver. Ils quittent leur mère à l'âge de dix mois ou un an lorsqu'ils sont capables de pourvoir eux-mêmes à leur nourriture.

Le loup a beaucoup de force, surtout dans le cou et dans la mâchoire; il porte avec sa gueule un mouton sans le laisser toucher à terre et court en même temps plus vite que les bergers. Lorsqu'il tombe dans un piège, il est si épouvanté qu'on peut le tuer sans qu'il se défende, ou le prendre vivant sans qu'il résiste. Il marche, il court, il rôde des jours entiers et des nuits, il est infatigable. Il peut rester quatre ou cinq jours sans manger, pourvu qu'il ait de quoi boire; il a l'œil, l'oreille et surtout l'odorat très bons. Il sent les animaux vivants de fort loin et il leur donne la chasse. Il préfère la chair vivante à la chair morte et il aime surtout la chair humaine.

Le loup est principalement redoutable lorsqu'il éprouve des privations et qu'il est atteint de la rage; il la communique aux hommes et aux animaux qu'il a blessés par ses morsures.

Il n'y a rien de bon dans cet animal que sa peau, dont les couleurs sont le noir, le fauve, le gris et le blanc; on en fait des fourrures grossières qui sont chaudes et durables. Sa chair est si mauvaise qu'elle répugne à tous les animaux, et il n'y a que le loup qui mange volontiers du loup. Il exhale une odeur infecte par la gueule. Désagréable en tout, l'air sauvage, la voix effrayante, le naturel à la fois lâche et féroce, il est odieux, nuisible de son vivant, inutile après sa mort. La durée de son existence est de quinze à vingt ans.

L'Ours.

11.e Leçon.

L'Ours fait partie des animaux féroces et carnassiers. Il est farouche et solitaire. Aussi ne le trouve pas dans les pays cultivés ou habités, il fuit surtout le voisinage des hommes. Sa retraite est établie ordinairement dans les forêts les plus épaisses, ou dans l'endroit le plus désert des montagnes escarpées. Il fait sa demeure d'une grotte ou d'un vieux tronc d'arbre; et lorsqu'il ne trouve pas de gîte naturel, il ramasse du bois et se fait une loge qu'il recouvre d'herbe et de feuilles.

On distingue plusieurs espèces d'ours. Ils ne sont pas tous aussi dangereux les uns que les autres, et les moins à craindre sont ceux qui ne se nourrissent pas de chair.

La longueur de cet animal est d'environ deux mètres et sa hauteur d'un mètre. Le long poil qui le couvre lui donne une forme peu gracieuse; sa tête a quelques rapports avec celle du loup, mais elle est plus grosse; ses jambes sont courtes, ses oreilles sont courtes aussi et arrondies; sa voix ressemble à un grondement. Un rien l'irrite. On parvient quelquefois à l'apprivoiser, à lui apprendre à se tenir debout, à danser, mais il faut toujours s'en défier, même quand il paraît doux et tranquille; on doit surtout éviter de le frapper au bout du nez, car alors il entrerait en fureur.

Sa peau donne une fourrure assez estimée; on en fait des bonnets à poil, des tapis de pieds, des housses de chevaux et des sièges de voiture. Sa chair fournit de bonne huile et de la graisse. Vers la fin de l'automne il devient si gras qu'il lui est difficile de courir. Dans cet état il se retire dans sa tanière sans aucune provision et il y reste enfermé pendant plusieurs semaines. Durant cette retraite, il se livre, la plupart du temps au sommeil, et sa seule occupation est de sucer ses pattes dont il sort un suc blanc et laiteux; mais ce n'est point la seule chose qui l'aide à supporter ce long jeûne: la graisse qu'il la graisse dont il est chargé au commencement de sa retraite et qui à diminué beaucoup vers la fin, sert à le nourrir.

L'ours ne mange guère de la chair que par nécessité. Il préfère en général les racines succulentes et les fruits sucrés. Il n'attaque l'homme que s'il est affamé, ou s'il a été provoqué par lui : alors il s'arrête, se lève sur ses pattes de derrière et s'apprête au combat. C'est le moment que l'on doit choisir pour le tuer à coups de fusil ; mais si on le blesse seulement ; il devient furieux, se jette sur le chasseur, l'embrasse de ses pattes, et l'étouffe.

Ses pieds de devant sont conformés de manière qu'ils ressemblent grossièrement à une main d'homme. Il frappe avec ses poings comme un homme avec les siens : lorsqu'il a été poursuivi longtemps et qu'il est près de succomber à la fatigue, il s'appuie le dos contre un rocher ou contre un arbre et ramasse des gazons ou des pierres qu'il jette à ses ennemis. C'est ordinairement dans cette position qu'il reçoit le coup de la mort.

La durée de la vie de l'ours est de vingt à vingt-cinq ans.

Les Ours rouges, roux ou bruns sont les plus carnassiers, on les trouve plus communément dans les forêts épaisses, et les hautes montagnes de l'Europe et de l'Asie.

Les ours noirs sont les moins dangereux. Ils refusent de manger de la chair, leur nourriture se compose de fruits, de glands et de racines ; le miel et le lait sont des aliments dont ils sont très-friands. Ils habitent dans les forêts situées au nord de l'Europe et dans l'Amérique.

L'Ours blanc se trouve près du rivage des mers du nord. Il habite souvent en pleine eau, sur des glaçons et se nourrit principalement de poissons, de Morses, de Phoques et même de petites baleines. Mais s'il trouve quelque proie sur terre il s'en accommode fort bien. Il dévore les animaux qu'il peut saisir et ne craint pas d'attaquer les hommes.

Habitué à l'eau, il s'y jette pour prendre des poissons qu'il voit venir de loin, et qu'il observe de dessus les glaçons. Tant qu'il trouve que la place est favorable pour lui procurer une subsistance abondante, il y reste ; mais il arrive souvent que, lorsque les glaçons se détachent, il se trouve emporté en pleine mer où il périt, ne pouvant regagner la terre. Les Ours blancs de la mer Glaciale deviennent très gros et très-gras. On en a trouvé qui avaient jusqu'à 3 mètres de longueur.

Il y a des Ours blancs terrestres dans la grande Tartarie en Russie, en Lithuanie et dans d'autres provinces du nord ; mais ils ne diffèrent des Ours bruns ou noirs que par la couleur.

La Chasse des Ours se fait de diverses manières. Quelquefois dans le nord de l'Europe on les tue en jetant de l'eau de vie sur le miel, qu'ils aiment beaucoup et qu'ils cherchent avec avidité. Dans cet état ils sont faciles à tuer.

Les Ours noirs se logent souvent dans de vieux troncs d'arbres, on les prend en mettant le feu dans leurs retraites; quelquefois ils s'établissent sur le haut d'un arbre à 10 ou 12 mètres de terre; et ils y grimpent avec la plus grande facilité. Si c'est une mère et qu'on l'attaque, elle descend la première; on la tue avant qu'elle soit à terre; les petits descendent ensuite, et on les prend en leur passant une corde au cou.

Quand on fait la chasse en grand, chacun des chasseurs doit être muni d'un fusil à deux coups et d'un couteau. Il faut être accompagné de bons chiens. Cette chasse demande beaucoup d'adresse et de sang-froid. Les chiens commencent le combat qui ne se termine guère sans que quelques-uns d'eux soient déchirés ou étouffés. Quand l'Ours n'est que blessé, il entre en fureur; saisit quelquefois une branche et s'en sert très habilement. C'est surtout dans ce moment que les chasseurs doivent éviter de se trouver sur son passage, et s'appliquer à bien diriger leur balle afin de l'étendre par terre.

Malgré sa férocité, l'Ours est quelquefois susceptible d'attachement. On raconte qu'à Berne un petit ramoneur ne sachant où se reposer pendant une nuit d'hiver, se glissa en passant entre deux barreaux, dans la loge d'un ours que l'on y retenait prisonnier. Celui-ci s'aperçut bientôt de la présence de cet enfant et ne lui fit aucun mal. Il le prit ensuite et le réchauffait. L'Enfant vint à mourir, et dès ce jour l'Ours refusa toute nourriture et mourut aussi.

Mais ces exemples de bonté sont très rares. On se souvient encore de l'histoire de ce vétéran qui, ayant cru voir, la nuit, une pièce d'argent dans une des fosses du Jardin du Roi, à Paris, y descendit et fut déchiré par l'ours qui l'habitait. C'était un Ours bien connu des enfants. Il s'appelait Martin, il était vieux et gourmand; il était facile de le faire monter à l'arbre en lui montrant un gâteau.

Le Castor.

5ᵉ Leçon.

De tous les quadrupèdes, le Castor est le plus remarquable par son industrie vraiment extraordinaire. Il a les habitudes des poissons et celles des animaux qui vivent sur terre. Sa nourriture se compose de feuilles, de racines, d'écorces d'arbres, cependant il mange quelquefois des poissons, des écrevisses. Il a beaucoup de répugnance pour la chair et le sang; aussi ne fait-il point la guerre aux autres animaux. Sa longueur est d'environ un mètre depuis le museau jusqu'à l'extrémité de la queue, sa hauteur est de 33 centimètres.

Sa peau est couverte d'un poil ou plutôt d'un duvet extrêmement fin et si touffu que l'eau ne peut pas le pénétrer. Elle porte, en outre, un second poil qui est long, ferme et brillant; c'est la couleur de ce poil qui est celle de l'animal; elle est ordinairement d'un roux marron. Les castors gris, les noirs et les blancs sont rares. On n'emploie que le premier poil pour faire des fourrures; le second a peu de valeur. Les peaux de castor tués en hiver sont les plus précieuses; celles qui proviennent des castors tués en été sont moins estimées, parce que, dans cette saison, ces animaux sont dans la mue, c'est-à-dire que leur poil tombent pour être plus tard remplacés par d'autres. Ces dernières peaux s'employaient pour la fabrication des chapeaux; mais, depuis qu'on a imaginé de faire des chapeaux de soie, on a presque cessé d'en fabriquer en castor, parce qu'ils coûtaient beaucoup plus cher et ne duraient guère davantage.

Le Castor est de l'espèce des animaux rongeurs; aussi a-t-il comme les rats et les lapins quatre longues dents incisives placées en avant de la bouche, qui lui servent à ronger le bois c'est-à-dire à l'user par un mouvement analogue à celui d'une lime; à force de répéter ce mouvement il parvient à couper le tronc des arbres. Ces dents, à la longue, finissent par s'user, mais la nature, toujours prévoyante, permet qu'elles repoussent, parce qu'elles sont indispensables à l'animal. Dans les plus grandes comme dans les plus petites choses, on retrouve toujours la bonté infinie de la providence, dont la paternelle sollicitude s'étend à toutes les créatures.

Quand les castors veulent abattre un gros arbre, ils se réunissent autour du tronc et le coupent à un pied ou à un pied et demi de hauteur de terre; ils travaillent ainsi et ils ont en même temps le plaisir de manger de l'écorce fraîche et du bois tendre dont le goût leur est fort agréable.

Depuis la tête jusqu'aux reins, le castor a beaucoup de rapport avec les autres quadrupèdes; le reste de son corps le rapproche des animaux aquatiques en qui vivent dans l'eau. Ces deux qualités se font aussi remarquer dans le goût de sa chair qui est assez bonne lorsque l'animal se nourrit d'écorce de bouleau.

La queue du castor a 30 cent. de longueur, elle est ovale; sa plus grande largeur a 12 cent.; elle est couverte d'écailles, il s'en sert très-adroitement pour transporter des matériaux et comme d'un gouvernail pour se diriger en nageant. Il en fait aussi usage, comme d'une truelle, pour maçonner les murs de son habitation. C'est le seul parmi les quadrupèdes, qui ait la queue plate et couverte d'écailles.

Ses jambes sont très courtes, principalement celles de devant qui sont pour lui comme des espèces de main dont il se sert avec une adresse remarquable; chaque pied a cinq doigts; les doigts des pieds de devant sont séparés, ceux des pieds de derrière sont réunis par une peau, et forment ainsi des espèces de nageoires.

Sur terre, la démarche du castor paraît gênée, parce que comme nous venons de le dire, ses jambes de derrière sont conformées plutôt pour nager que pour marcher.

Les castors habitent dans les pays froids et tempérés. On les trouve dans l'Amérique septentrionale, dans l'Asie et dans les contrées qui sont situées au nord de l'Europe, en Norvège, en Suède, en Pologne, en Russie. On en trouve quelques-uns en France, dans les îles du Rhône, mais dans ces derniers pays ils ne se réunissent pas et ne construisent rien.

Leur adresse pour bâtir les cabanes qu'ils doivent habiter est digne d'admiration. Pour travailler, ils se réunissent au nombre de deux ou trois cents, dans les mois de mai ou de juillet, près d'une rivière ou d'un lac, dans un endroit où ils ne craignent pas d'être attaqués. S'ils ont fait choix d'une rivière, ils commencent par élever une construction que l'on nomme digue; c'est un mur qui traverse la rivière d'un bord à l'autre et qui sert à maintenir l'eau à la hauteur qui leur convient et à former un étang.

Pour faire cette digue qui a quelquefois jusqu'à 35 mètres de longueur, ils se servent des arbres qui croissent près du lieu de leur bâtisse et surtout de ceux qui étant sur le bord de la rivière peuvent y tomber facilement. Ils les scient avec leurs dents incisives, puis, après avoir coupé les branches, ils les amènent à l'endroit où ils doivent être employés. Ces arbres leur servent de pieux ou pilotis qu'ils enfoncent dans toute la largeur de la rivière. Pour faire cette opération, plusieurs castors plongent au fond de l'eau où disposent des trous pour y introduire la pointe des pieux, tandis que d'autres travailleurs, s'appuyant sur un très gros arbre, qu'ils ont d'abord eu soin de jeter en travers, maintiennent les pieux d'aplomb. Ils forment plusieurs rangs de pilotis, ils les serrent les uns contre les autres et remplissent les intervalles par de petites branches enduites de terre glaise et par de la terre humectée dont ils font un mortier qui durcit et rend leur maçonnerie très solide.

Tous les castors qui composent la peuplade travaillent en commun pour faire cette digue, qui est très épaisse. Lorsque ce grand ouvrage est achevé, ils se divisent par troupes de dix ou douze individus; chaque troupe construit son habitation particulière, et la dispose selon sa convenance, et toujours près du bord de l'étang. C'est une maisonnette qui est ovale, quelquefois ronde, et qui s'élève en forme de dôme, à environ deux mètres au-dessus de l'eau. Elle est bâtie sur un pilotis. La charpente de cette cabane est composée de branches d'arbres. Les joints sont remplis par de la terre humectée dans laquelle ils mêlent des herbes, de la mousse, des pierrailles et de petits morceaux de bois. Les murs sont très épais.

On a compté jusqu'à vingt-cinq de ces cabanes rapprochées les unes des autres et formant ainsi une espèce de village. Ordinairement il n'y en a pas plus de dix ou douze. Les habitants de ces cabanes ne souffrent pas que des étrangers viennent s'établir dans leurs demeures. Les cabanes contiennent depuis deux jusqu'à trente castors.

L'habitation des castors est toujours maintenue dans le plus grand état de propreté. C'est là qu'ils élèvent leurs petits qui y restent jusqu'à l'âge de deux ou trois ans.

Dans l'eau et près de leur demeure les habitants de chaque cabane établissent le magasin qui renferme leurs provisions de racines, de branchages et d'écorce pour leur nourriture pendant l'hiver. Les habitants de chaque cabane ne se permettraient jamais d'aller rien prendre dans les magasins de leurs voisins.

Chacun s'occupe des intérêts de tous; si quelque castor aperçoit un ennemi, il frappe l'eau d'un grand coup de sa queue, et à ce signal, tous les autres plongent dans les eaux ou se réfugient dans leurs cabanes. Beaucoup de ces animaux se bornent à creuser, pour leur habitation, un ou deux terriers près du bord de la rivière.

Maintenant on rencontre peu de ces grandes peuplades de castors, les chasseurs en ayant détruit un nombre considérable.

On a remarqué que les castors ne se réunissaient et n'élevaient des constructions que dans les endroits qui ne sont pas fréquentés par les hommes, et où, par conséquent, ils sont parfaitement tranquilles; mais en Europe et dans tous les pays habités, ils sont dispersés, fugitifs, ils vivent solitaires et ils se cachent dans des terriers.

Le castor, lorsqu'on est venu à bout de le prendre, est tranquille et assez familier, mais un peu triste, et il ne perd jamais le désir de recouvrer sa liberté. Il s'attache peu et il s'occupe presque continuellement à ronger les portes de sa prison.

Le Renard.

6ᵉ Leçon.

Le Renard ressemble beaucoup au chien, mais il a le museau plus pointu, les oreilles plus droites, la queue beaucoup plus grande et plus touffue, le poil plus long et plus épais; il a aussi la tête plus grosse à proportion de son corps. Il diffère encore du chien en ce qu'il a une odeur infecte et en ce qu'il ne s'apprivoise que difficilement. Il a aussi de la ressemblance avec le loup, mais il est plus léger, beaucoup plus petit et moins à craindre. Il n'en attaque ni les chiens, ni les bergers, ni les troupeaux.

C'est un animal carnassier et vorace, il mange de tout avec avidité, des œufs, du lait, du fromage, des fruits et surtout des raisins; mais il préfère le gibier, les poules, les coqs et toute espèce de volaille, lorsqu'il ne peut s'en procurer, il mange des rats, des mulots, des serpents, des lézards, des crapauds, et il en détruit un grand nombre. C'est là le seul bien qu'il fasse. Il est très-friand de miel; il attaque les abeilles sauvages, les guêpes, les frelons qui tâchent de le mettre en fuite en le perçant à coups d'aiguillon; mais en se retirant, il se roule pour les écraser et il revient à les tourmenter jusqu'à ce qu'il les ait obligés à abandonner le guêpier; alors il les dévore, avec le miel et la cire. Il prend aussi les hérissons, les roule avec les pieds et les force à s'étendre; enfin il mange du poisson, des écrevisses, des hannetons, des sauterelles, &c.

Le Renard est un animal fin, adroit, prudent, il se creuse dans la terre un asile ou terrier, où il se retire quand il est poursuivi, et où il élève ses petits. C'est certainement une grande preuve d'intelligence que de savoir bien choisir le lieu de son habitation, de le creuser, de le rendre commode et d'en cacher l'entrée à tous les regards. Il fait quelquefois sa demeure dans des rochers et sous des troncs d'arbres. Ordinairement il se loge au bord des bois, à peu de distance des villages et des hameaux. De là il entend le chant des coqs et le cri des volailles. Il choisit habilement son temps pendant la nuit, il se glisse, se traîne pour n'être pas aperçu, il passe à travers les haies, franchit les portes, entre dans les basses-cours, met à mort tout ce qu'il rencontre et se retire lentement en emportant sa proie, qu'il a soin de cacher avec de la mousse ou d'emporter dans son terrier. Il revient quelques moments après en chercher une autre, il l'emporte et il la cache de même, mais dans un autre endroit. Il retourne une troisième, une quatrième fois, s'il n'a pas été surpris, jusqu'à ce que le jour paraisse ou qu'il entende quelque bruit; alors il se retire et ne revient plus; heureusement qu'il n'a pas les griffes assez aiguës pour grimper le long des murs, car il ne serait plus de basse-cour à l'abri de ses déprédations. Il va de très grand matin visiter les endroits où l'on a tendu des pièges aux oiseaux et il emporte ceux qui se sont laissé prendre. Il chasse les jeunes levrauts dans la plaine, il poursuit les lièvres qui ont été blessés et il les attrape presque toujours. Il déterra les petits lapereaux dans les garennes, il découvre les nids de perdrix, de cailles, prend la mère sur les œufs et détruit une quantité prodigieuse de gibier. Tous les oiseaux qu'il prend, lorsqu'il ne les mange pas, il les dépose en différents endroits, surtout au bord des chemins, dans les ornières, dans de la mousse, il les y laisse quelquefois pendant deux ou trois jours et sait parfaitement les retrouver lorsqu'il en a besoin.

Nous avons dit plus haut que c'était un animal extrêmement rusé. On en a vu souvent se réunir pour chasser le lièvre et le lapin : l'un poursuit le gibier; en aboyant à-peu-près comme un chien; l'autre attend au-passage la bête poursuivie, la surprend et partage avec son camarade. Quelquefois il contrefait le mort pour prendre les animaux qui viennent pour le manger.

La chasse du Renard est plus facile et plus amusante que celle du loup, elle est aussi moins dangereuse. Tous les chiens ont de la répugnance pour le loup, mais ils chassent le Renard avec plaisir. Dès que le Renard est poursuivi, il cherche à se réfugier dans son terrier. Des chiens que l'on appelle Bassets, s'y introduisent, le font sortir et l'exposent aux coups de fusil des chasseurs. Quelquefois, si on sait où ce terrier est situé, on le bouche, et le Renard est obligé de fuir dans la plaine où les chiens le suivent et l'atteignent, quoique souvent il parvienne à les fatiguer. Sa morsure est dangereuse; quelquefois on ne vient à bout de lui faire lâcher prise qu'en le frappant à coups de bâton.

Pour détruire les Renards, le moyen le plus commode est de tendre des pièges où l'on attache un pigeon ou une volaille vivante. Le Renard vient pour dévorer sa proie, le piège se referme et l'animal est pris; alors il se laisse aisément tuer et, de même que le Loup, il reçoit la mort sans se plaindre.

On a quelquefois remarqué que le Renard pris dans un piège, se coupait la patte avec ses dents pour se sauver.

La voix du Renard s'appelle glapissement, c'est une espèce d'aboiement qu'il fait entendre, surtout en hiver et presque jamais en été.

La femelle du Renard a ordinairement quatre ou cinq petits; elle leur prépare un lit dans son terrier. Lorsqu'elle s'aperçoit que sa retraite est découverte, et qu'en son absence, ses petits ont été inquiétés, elle les enlève tous les uns après les autres et va chercher une autre demeure. Ils naissent les yeux fermés; ils sont, comme les Chiens, dix-huit mois ou deux ans à grandir en vivant aussi treize ou quatorze ans.

La chair du Renard est moins mauvaise que celle du Loup; les chiens et les hommes en mangent en automne, surtout lorsqu'il s'est nourri et engraissé de raisin.

Sa peau d'été a peu de valeur, parce que son poil tombe et se renouvelle dans cette saison; celle d'hiver est plus estimée, on en fait de bonnes fourrures. En France, la plupart des Renards sont roux; mais il s'en trouve aussi dont le poil est gris argenté. Dans les pays du Nord, il y en a de toutes couleurs; des noirs, des bleus, des gris, des blancs à tête noire, des blancs avec le bout de la queue noire, des roux avec la gorge et le ventre entièrement blancs.

Cet animal se trouve partout, excepté en Afrique et dans les climats très chauds. Il a environ quatre-vingt centimètres de longueur, sur quarante centimètres de hauteur.

Le Cerf.

7.ᵉ Leçon.

Entre les animaux sauvages, le Cerf est l'un des plus grands
et des plus remarquables. On appelle animaux sauvages
ceux qui craignent la présence de l'homme, et qui, pour lui
échapper, habitent les solitudes éloignées des villes et des
villages, se creusent des demeures sous la terre, s'enfoncent
dans les bois, se réfugient dans des cavernes ou au sommet
des montagnes, en un mot dans tous les lieux dont il est
difficile d'approcher. Ces animaux sont défiants, crain-
tifs, ils emploient tous leurs moyens, toutes les ressources
que la nature leur a fournies pour se mettre en sûreté.
Le Cerf est de ce nombre, c'est un animal doux, tranquille,
mais en même temps très-farouche, aussi prend-il toutes les
précautions possibles pour ne pas se laisser surprendre. Il a
la vue et l'odorat très-bons et l'oreille excellente. Lorsqu'il
veut écouter, il lève la tête, dresse les oreilles, et alors il
entend de fort loin. Avant de sortir du bois où il se cache,
il s'arrête pour regarder de tous côtés et pour sentir s'il n'y a
pas quelqu'un qui puisse l'inquiéter. Il ne se hasarde dans la
plaine que lorsqu'il croit n'avoir rien à craindre ; cependant
quelquefois il s'arrête de loin pour regarder passer les
voitures, les bestiaux, les hommes, et s'ils n'ont ni armes

ni chiens, il continue son chemin fièrement, avec assurance et sans prendre la fuite. En général il craint beaucoup plus les chiens que les hommes, et plus il a été poursuivi, plus il est sauvage; les dangers qu'il a déjà courus augmentent sa timidité.

Le Cerf est un très bel animal, sa forme est élégante et légère, sa taille est élancée, ses jambes sont minces, mais très vigoureuses et il court avec une grande rapidité, sa tête est ornée d'un bois qui tombe et repousse tous les ans. La forme de ce bois diffère selon l'âge; il grandit à mesure que l'animal vieillit.

Le Cerf est un des animaux que les chasseurs ont le plus de plaisir à poursuivre. Cette chasse se fait à cheval, au son du cor, et au moyen d'un grand nombre de chiens qui sont dressés à cet exercice, et qui poursuivent le Cerf à l'odeur qu'il laisse après lui. Pour pour échapper il emploie toutes sortes de ruses, il passe et repasse souvent deux ou trois fois par les mêmes endroits; il cherche à se faire accompagner par d'autres bêtes dont l'odeur trompe les chiens et alors il s'éloigne aussitôt, ou bien il se jette à l'écart, se cache et reste sur le ventre. Lorsque les chiens retrouvent sa trace, ils le poursuivent avec une nouvelle ardeur, et reconnaissent quand il est fatigué. Le pauvre animal, harassé, épuisé, cherche en vain à échapper par de nouvelles ruses; s'il rencontre une rivière, il la traverse à la nage, dans l'espoir de sauver sa vie; mais bientôt atteint par les chiens, il tâche encore de se défendre en les frappant avec son bois, les derniers efforts sont inutiles, il est aussitôt entouré de chasseurs qui lui portent le coup mortel et qui distribuent ensuite aux chiens, pour les récompenser de leurs efforts, une partie de l'animal qu'ils mangent avec une grande avidité.

La femelle du Cerf se nomme la Biche, elle n'a pas de bois sur la tête, ses petits portent le nom de faons jusqu'à l'âge de six mois. Ils ne quittent pas leur mère dans les premiers temps de leur naissance. Lorsque le Faon est poursuivi par les chiens, la Biche cherche à les éloigner de lui, en les attirant à elle. Elle ne craint pas de s'exposer au danger, pour préserver son petit.

La plupart des cerfs sont portés à demeurer ensemble et à marcher de compagnie. Ils ne se séparent que lorsque la crainte ou le danger les y force. Dans le mois de Décembre et pendant les froids, ils se réunissent dans les parties les plus touffues des bois; ils se tiennent serrés les uns contre les autres et se réchauffent de leur haleine. A la fin de l'hiver ils se dispersent, se rapprochent du bord des forêts, et vont quelquefois jusque dans les champs de blé.

Le cerf mange lentement, il choisit sa nourriture suivant les saisons. En automne, il vit de glands et de boutons d'arbres verts; en hiver, lorsqu'il neige, il mange de l'écorce d'arbre, de la mousse &c°; au printemps des fleurs et des bourgeons; en été, il se nourrit surtout de seigle qu'il préfère à tous les autres grains.

Le cerf ne boit qu'en hiver, encore moins au printemps; l'herbe tendre et chargée de rosée lui suffit; mais dans les chaleurs et les sécheresses de l'été, il va boire aux ruisseaux, aux mares et aux fontaines.

La chair du faon est bonne à manger; celle de la biche n'est pas absolument mauvaise, mais celle des cerfs a toujours un goût désagréable et fort. Ce que cet animal fournit de plus utile, c'est sa peau et son bois. Sa peau, quand elle est préparée, donne un cuir souple et durable. Son bois est employé par les couteliers pour faire des manches de couteaux.

Le cerf vit de trente-cinq à quarante ans. Son bois augmente en grosseur et en hauteur depuis la deuxième année de sa vie jusqu'à la huitième. Il a comme le boeuf, le pied fourchu, c'est-à-dire séparé en deux par une large fente. La longueur ordinaire de son corps est environ 2 mètres, sa hauteur de 1 mètre à un mètre 30 centimètres, la longueur des oreilles est de 25 cent.res. Sa taille légère peut donner une idée de la rapidité de sa course, ses jambes fines longues et sèches annoncent assez la force avec laquelle il bondit. Lorsqu'il est poursuivi il saute aisément une haie de 2 à 3 mètres d'élévation, son bois qui a quelquefois jusqu'à 85 centim.res de hauteur, est une arme dangereuse dont il sait se servir avec succès contre ses ennemis. La peau du cerf est ordinairement de couleur fauve, mais il y en a de bruns, de roux et de blancs. Les blancs sont les plus rares. Le cerf nage avec une grande facilité, il traverse aisément de larges rivières.

L'Éléphant.
8ᵉ Leçon.

De tous les quadrupèdes, l'Éléphant est le plus remarquable par sa taille, sa force, ses formes et son adresse.

Les plus grands ont jusqu'à cinq mètres de hauteur; les plus petits ont 3 ou 4 mètres. Il y en a dont le poids est de 3,500 kilogrammes. On conçoit facilement qu'un aussi énorme animal ébranle la terre sous ses pieds, qu'il puisse arracher un arbre, que d'un seul coup de son corps, il puisse renverser un mur et qu'à lui seul il transporte des fardeaux que six chevaux ne pourraient remuer.

L'Éléphant a les yeux très petits par rapport à son corps; mais ils sont brillants, spirituels et ont une remarquable expression de bonté. Il les tourne lentement et avec douceur sur son maître; lorsque celui-ci lui parle; il écoute avec la plus grande attention, il semble réfléchir sur ce qu'on lui dit et examiner les signes auxquels il doit obéir. Il a l'ouïe très bonne et les oreilles aplaties contre la tête comme celles de l'homme; elles sont ordinairement pendantes; mais il les relève et les remue avec beaucoup de facilité. Elles lui servent à essuyer ses yeux, à les garantir de la poussière et des mouches. Il paraît aimer la musique; il apprend aisément à marquer la mesure et à joindre quelques cris au bruit des tambours et au son des trompettes. Son odorat est exquis et il aime avec passion les parfums de toute espèce et surtout les fleurs odorantes; il les choisit, il les cueille une à une, il en fait des bouquets et après en avoir respiré l'odeur, il les porte à sa bouche et semble les goûter.

L'Éléphant a, au lieu de nez, une trompe dont il se sert comme de bras et de main ; c'est un long tuyau percé de deux trous dans toute sa longueur. Il la remue, la raccourcit, l'allonge, la tourne dans tous les sens. Le bout de cette trompe est terminé par un rebord en forme de doigt avec lequel l'Éléphant fait ce que nous faisons avec les nôtres. Il ramasse à terre les plus petites pièces de monnaie ; il débouche les bouteilles, il dénoue les cordes, ouvre et ferme les portes en tournant les clefs et poussant les verrous. C'est avec cette trompe qu'il touche, qu'il flaire et qu'il saisit. Comme l'Éléphant a le cou très-court, et qu'il ne peut presque pas baisser la tête, sa trompe lui sert à ramasser ce qui est à terre, c'est par là qu'il prend sa nourriture et même sa boisson et qu'il les porte jusqu'au fond de son gosier.

Sa nourriture ordinaire se compose de racines, d'herbes, de feuilles et de bois tendre, il n'aime ni la viande, ni le poisson. Il mange non seulement les feuilles et les fruits de certains arbres, mais même les branches, les troncs et les racines, et quand il ne peut arracher ces arbres avec sa trompe, il les déracine avec ses défenses. Les défenses sont deux énormes dents recourbées qui lui sortent de la bouche, des deux côtés de la trompe et qui sont ainsi nommées parce qu'il s'en sert pour se défendre et au besoin pour attaquer. Avec cette arme il ne craint ni le lion, ni aucun autre animal, et il leur fait souvent les plus terribles blessures.

La forme des pieds et des jambes de l'Éléphant n'est pas moins singulière que tout le reste de l'animal. Les jambes de devant paraissent plus hautes que celles de derrière, et cependant elles sont un peu plus courtes, elles ressemblent plutôt à des colonnes qu'à des jambes. Les pieds sont courts et larges, ils ont cinq doigts, mais ces doigts sont enfermés dans la peau calleuse des pieds. La peau de l'Éléphant est d'un gris cendré ou d'une couleur noirâtre qui se rapproche un peu de celle de l'ardoise, et qui souvent devient plus ou moins blanche, elle est très-épaisse et n'est pas garnie de poils comme chez les autres quadrupèdes ; il a seulement quelques soies sur la trompe, aux paupières et derrière la tête. Toute la surface du corps est comme gercée et ridée ; sa queue est courte, elle n'a pas plus d'un mètre de longueur, elle est pointue et terminée par une touffe de gros poils si durs qu'un homme ne pourrait les casser avec la main.

La taille de ces animaux peut donner une idée de leur force, les plus grands portent aisément 2000 kilogrammes, les plu petits enlèvent avec facilité un poids de 100 kilogrammes avec leur trompe et le placent eux mêmes sur leurs épaules, ils prennent dans cette trompe une grande quantité d'eau qu'ils rejettent en haut ou autour d'eux jusqu'à quatre mètres de distance. On peut encore juger de leur force par la vitesse de leur marche; quoiqu'ils paraissent très pesants, ils font, au pas ordinaire, à peu près autant de chemin qu'un cheval au petit trot, et lorsqu'ils courent, ils en font autant qu'un cheval au galop. Les éléphants domestiques font, sans fatigue 60 ou 80 kilomètres, par jour au pas, et quand ils courent les premiers ils peuvent en faire jusqu'à 120 ou 150.

Dans le pays où on utilise les éléphants, ils rendent à leurs maîtres autant de services que cinq ou six chevaux; mais il faut les bien soigner et les bien nourrir. On leur donne ordinairement du riz cru ou cuit mêlé avec de l'eau, et on prétend qu'il leur en faut 50 kilog. par jour. On leur donne aussi de l'herbe, pour les rafraîchir; ils en consomment jusqu'à 75 kilogrammes. Il faut avoir soin de les mener à l'eau et de les faire baigner deux à trois fois par jour. l'éléphant apprend aisément à se laver lui-même; il prend de l'eau dans sa trompe, il la porte à sa bouche, pour boire, et ensuite en retournant sa trompe, il en laisse couler le reste sur toutes les parties de son corps. Cet animal a un goût extrême pour la propreté, et quelque grand que soit son appétit, il a toujours soin de séparer avec beaucoup d'adresse, au moyen de sa trompe, les bonnes feuilles d'avec les mauvaises et de les bien secouer pour qu'il n'y reste point d'insectes ni de sable. L'usage de l'eau est si indispensable à l'éléphant, que lors-qu'il est en liberté, il quitte rarement le bord des rivières; il se met dans l'eau jusqu'au ventre, et il y passe quelques heures tous les jours. On croirait qu'à cause de son poids énorme, l'éléphant doit nager difficilement c'est précisément le contraire. Il enfonce moins dans l'eau que les autres animaux, et au moyen de sa trompe, qu'il redresse en l'air et par laquelle il respire, il n'a pas la crainte d'être submergé. Il nage donc fort bien et on s'en sert utilement pour le passage des rivières.

Pour donner une idée des services qu'il peut rendre, il suffira de dire que, dans l'Inde, on voyage fréquemment sur son dos, qu'il peut porter plusieurs personnes à la fois, et qu'il ne fait presque jamais de faux pas; que tous les tonneaux, sacs, paquets, qui se transportent d'un endroit à un autre, dans ce pays, sont voiturés

par des Éléphants. Ils peuvent porter des fardeaux sur leur corps
sur leur cou, sur leurs défenses, et même avec leur gueule, en leur
présentant le bout d'une corde qu'ils serrent avec les dents. Joignant
l'intelligence à la force, ils ne cassent et n'endommagent jamais rien
de ce qu'on leur confie. On a remarqué que la parure leur plaisait beaucoup, et que, lorsqu'on place sur eux des ornements brillants ou de
riches étoffes, ils en témoignent de la joie et sont plus caressants. Ceux qui
sont ainsi harnachés et qui sont au service des Princes témoignent du
mépris pour ceux qu'on n'emploie qu'à des travaux pénibles. Ils
aiment beaucoup le vin, l'eau-de-vie et les liqueurs fortes. On leur
fait faire les choses les plus difficiles en leur montrant un vase ou
une bouteille remplie d'une de ces sortes de liqueurs et en la leur
promettant pour récompense ; mais il ne faut pas les tromper ni
leur manquer de parole, car ils s'en souviennent longtemps et finissent
par se venger tôt ou tard. Un des moyens qu'ils emploient est de remplir
d'eau leur trompe et de la lancer au visage de ceux dont ils ont à se
plaindre. Ils paraissent aimer beaucoup la fumée du tabac, mais
elle les étourdit et leur fait mal. Ils craignent toutes les mauvaises
odeurs et ils ont une si grande horreur pour le cochon, que le seul
cri de cet animal suffit pour les faire fuir à une grande distance.
Ils détestent aussi le chameau et ne cessent de donner des signes d'im-
patience et de mauvaise humeur lorsqu'il se trouve dans leur voisinage.

L'Éléphant sauvage n'est ni sanguinaire ni féroce; il est d'un naturel
doux et jamais il n'abuse de ses armes ou de sa force, il ne les emploie que
pour se défendre. On le voit rarement solitaire. Il vit ordinairement dans
la société de ses semblables. Le plus âgé conduit la troupe; le plus vieux
après lui marche le dernier, les plus jeunes et les plus faibles se placent
au milieu des autres; les mères portent leurs petits dans le cas de danger
et les tiennent embrassés dans leur trompe.

Quelquefois les Éléphants viennent en troupe ravager les terres
cultivées. Comme ils sont ordinairement nombreux et que leur
corps est d'un poids énorme, ils ont bientôt dévasté toute une campagne.
Pour les empêcher d'approcher, on fait du bruit, on bat du tambour
et on allume de grands feux ; mais on ne réussit pas toujours à
les effrayer par ce moyen. La meilleure manière de les surprendre
et de les arrêter, c'est de leur lancer des pétards et des feux d'artifice; on
parvient ainsi plus sûrement à les mettre en fuite.

Les chasseurs n'osent attaquer que ceux qui s'écartent vers au hasard car on ne pourrait lutter contre une troupe entière sans s'exposer à perdre beaucoup de monde. Lorsque l'Éléphant est attaqué par un homme, il va droit à lui, et, quoiqu'il soit fort lourd, son pas est si grand qu'il atteint aisément l'homme le plus léger à la course; il le perce de ses défenses, ou, le saisissant avec sa trompe, il le lance comme une pierre, et achève de le tuer en l'écrasant avec ses pieds, mais ce n'est que dans le cas où il est provoqué, car il ne fait aucun mal à ceux qui ne le cherchent pas.

On parvient à le prendre en creusant sur son passage des fosses assez profondes pour qu'il n'en puisse plus sortir quand il y est tombé. On s'en empare encore en construisant une enceinte dans laquelle est enfermé un Éléphant privé; on oblige celui-ci à jeter un cri qui attire les autres; dès que l'un d'eux est entré dans l'enclos, on en ferme la porte et l'animal est prisonnier. Lorsqu'il se voit ainsi enfermé, il entre en fureur; on lui jette des cordes pour l'arrêter; on lui en met aux jambes et à la trompe; on essaie de l'attacher à deux ou trois Éléphants privés qu'ils frappent avec leur trompe lorsqu'il veut faire résistance, enfin on vient à bout de le dompter en peu de jours en le caressant et en le privant de nourriture; mais il faut ordinairement cinq ou six mois pour l'apprivoiser et le dresser au travail.

Lorsque l'Éléphant est bien dompté, il devient le plus doux, le plus obéissant de tous les animaux, il s'attache à celui qui le soigne et qu'on appelle le Cornac; il le caresse avec sa trompe, il semble deviner tout ce qui peut lui plaire. En peu de temps, il comprend les signes de son maître et même le son de sa voix, il reconnaît fort bien quand son maître est satisfait ou quand il est en colère. On lui apprend à fléchir les genoux pour donner plus de facilité à ceux qui veulent le monter; à saluer avec sa trompe les personnes qu'on lui fait remarquer; en un mot, on parvient aisément à lui enseigner toutes sortes de gentillesses. On a vu des Éléphants témoigner la plus vive douleur en perdant leur Cornac, et n'en vouloir pas souffrir d'autres. On en a vu aussi mourir de chagrin pour avoir tué leur maître dans un moment de colère.

Les défenses de l'Éléphant ont quelquefois 3 mètres de long et pèsent jusqu'à 60 kilogrammes. Elles fournissent l'ivoire qu'on emploie à tant d'usages différents, et qui, par ce motif, a toujours beaucoup de prix dans le commerce. L'ivoire est blanc lorsqu'on l'emploie mais il devient toujours jaune avec le temps.

L'Éléphant ne se trouve qu'en Asie et en Afrique. Il ne peut supporter la froid et il souffre aussi de l'excès de la chaleur; pour éviter la trop grandeur du soleil, il s'enfonce autant qu'il peut dans les forêts les plus épaisses pour s'y reposer à l'ombre. On croit que lorsqu'il est en liberté il peut vivre jusqu'à deux cents ans. Ceux que l'on retient prisonniers dans les ménageries en Europe, vivent beaucoup moins longtemps.

L'Aigle.

9ᵉ Leçon.

L'homme et les animaux à quatre pattes ne peuvent que marcher et courir sur la terre. Il ne leur serait pas possible de rester en l'air un seul instant. Il faut que leurs pieds posent quelque part et qu'ils aient constamment un point d'appui. Il n'en est pas de même des oiseaux : au moyen des ailes que la nature leur a données, ils peuvent s'élever dans l'air à une très-grande hauteur et s'y soutenir dans un temps plus ou moins long. Il en est qui volent pendant plusieurs heures de suite sans venir toucher la terre. Lorsqu'ils veulent s'élever, ils étendent leurs ailes, ils les agitent et en frappent l'air qui les soutient ; ils les ploient lorsqu'ils veulent descendre et s'abattre. Il y a des quadrupèdes qui courent avec une grande vitesse, mais cette rapidité n'est rien en comparaison du vol des oiseaux. Le cerf, par exemple, ne peut faire plus de 16 myriamètres en un jour ; il y a des oiseaux qui font jusqu'à 8 myriamètres dans une heure ; un très-bon cheval n'en fait pas plus de deux dans le même espace de temps. Cette facilité des oiseaux à parcourir si rapidement de si grandes distances, tient d'abord à la nature et à l'arrangement de leurs plumes dont les tuyaux sont creux, dont la surface est très grande et la substance très légère, elle tient aussi à la forme de leurs ailes qui est arrondie au dessus et creuse en dessous, et à la force qui les fait agir avec beaucoup plus de vitesse et de facilité que l'homme ne peut remuer ses bras. Pourvu d'ailes dont l'étendue est trois à quatre fois plus grande que celle du corps, l'oiseau n'a besoin que de les déployer et de les agiter par de légers mouvements pour se soutenir en l'air. Aussi voit-on beaucoup d'oiseaux profiter de cette faculté pour entreprendre et exécuter des voyages de longue durée. A l'approche de l'hiver, les hirondelles et d'autres oiseaux voyageurs se transportent tous les ans en 7 ou 8 jours, à plus de 400 myriam.ˢ on voit souvent des pigeons parcourir un trajet de 40 myriam.ˢ en 7 ou 8 heures.

Des cinq sens, chez les oiseaux, la vue est le plus parfait, et en cela comme en tout, on reconnaîtra que Dieu a fait toutes choses pour le mieux. Comme ils peuvent parcourir dans un temps très-court un très grand espace, il faut bien qu'ils puissent en juger l'étendue; et de plus, au haut des régions élevées où il se tiennent, ils ont besoin de découvrir leur proie, qui souvent se trouve cachée à la surface de la terre.

Après la vue, l'ouïe est le sens qui a le plus de perfection dans les oiseaux. On le voit par la facilité avec laquelle quelques-uns répètent des sons, des airs et même des paroles; on le voit aussi par le plaisir qu'ils ont à chanter et à gazouiller continuellement. Les Serins retiennent des airs tout entiers qu'on leur apprend au moyen d'instruments appelés serinettes. On verra à l'article du Perroquet avec quelle facilité cet oiseau répète les cris, les chants, les mots qu'il a plusieurs fois entendus. En général, ce sont les plus petits oiseaux qui ont la voix la plus mélodieuse, comme le Rossignol, la fauvette, la linotte; les plus gros ont presque toujours le cri rauque, perçant et désagréable. Parmi les oiseaux comme parmi les quadrupèdes, il y en a qui sont carnassiers, c'est-à-dire qui ne vivent que de chair, et d'autres qui ne se nourrissent que de graines et de fruits. Certaines espèces subsistent de poissons et quelques-unes d'insectes.

Tous les oiseaux sont sujets à la mue, c'est-à-dire que leurs plumes tombent et se renouvellent tous les ans. Lorsque ce changement arrive, la plupart sont souffrants et malades; il en est même qui en meurent. La mue a ordinairement lieu vers la fin de l'été et en automne.

Il y a quelques oiseaux qui ne peuvent voler et qui sont réduits à courir. L'autruche est de ce nombre. Il y en a qui volent et qui nagent, mais qui ne peuvent marcher que très-difficilement; enfin, il en est en grand nombre qui ne se plaisent que sur l'eau, comme les oies, les canards, les cygnes, etc.

Après ces notions générales sur la nature des oiseaux, nous allons parler de quelques espèces en particulier.

De même qu'on a appelé le lion le Roi des animaux, on a surnommé l'Aigle le Roi des oiseaux. Il mérite ce titre par sa force, par son courage, par son caractère. Il a le bec et les ongles crochus et redoutables. Sa figure répond à son naturel, indépendamment de ses armes, il a le corps robuste, les jambes et les ailes très-fortes, les os fermes, la chair dure, les plumes rudes, l'attitude fière, les mouvements brusques et le vol très-rapide. De tous les oiseaux, c'est celui qui s'élève le plus haut. Il vole parfois jusqu'au dessus des nuages.

L'Aigle a un grand nombre de rapports avec le lion. Il ne puise en petits animaux. Il ne se nourrit que du gibier qu'il prend lui-même; il ne le mange presque jamais en entier, et il laisse comme portion, les restes aux autres bêtes. Comme le lion aussi, il vit seul et ne permet pas à d'autres oiseaux de chasser dans son voisinage. Il a les yeux étincelants et à peu près de la même couleur que ceux du lion, les ongles de la même forme, ce qui également effrayant.

Sa vue est excellente, son odorat est moins fin que celui du vautour. Lorsqu'il a saisi sa proie, il la pose à terre avant de l'emporter, comme pour bien juger de son poids. Lorsqu'il est très-chargé il a quelque peine à s'élever de terre. Il emporte aisément les oies; il enlève aussi les lièvres et même les petits agneaux et les chevreaux. Lorsqu'il attaque les veaux et les vaches, il se rassasie de leur chair et de leur sang à l'endroit même où il les a surpris, et il emporte ensuite une partie des restes dans son nid.

On a remarqué, dit-on, dans le nord de l'Europe, un singulier moyen que les aigles emploient quelquefois pour s'emparer des bestiaux: l'aigle plonge dans la mer, et lorsque ses plumes sont bien trempées d'eau, il se roule sur le rivage jusqu'à ce que ses ailes soient couvertes de sable qui s'attache après elles. Alors il prend son vol, s'élance dans les airs, plane au-dessus du bœuf qu'il a choisi, s'approche de lui, et lui envoie, en secouant tout son corps, une pluie de sable et de petits cailloux dont les yeux de la pauvre bête sont presque aveuglés. En même temps, l'aigle lui porte de violents coups d'ailes qui achèvent de l'effrayer. L'animal, épouvanté, ne sachant d'où vient l'ennemi qui l'attaque, s'enfuit plein de rage et court de tous côtés jusqu'à ce qu'il tombe épuisé de fatigue ou qu'il se jette dans un précipice qu'il n'a pu apercevoir. Alors l'aigle s'abat sur sa victime et la déchire.

Le nid de l'aigle s'appelle une aire. Il est tout plat et non pas creux comme celui des autres oiseaux. Il le place ordinairement entre deux rochers, dans un endroit sec et dont il est difficile d'approcher. On assure que le même nid sert à l'aigle pendant toute sa vie. C'est en effet, un ouvrage assez solide pour durer longtemps; il est construit à peu près comme un plancher avec de petites perches ou bâtons d'environ 2 mètres de longueur, appuyés par les deux bouts et traversés par des branches d'arbres recouvertes de jonc et de bruyères. Ce plancher ou ce nid a plus d'un mètre de largeur; il est assez ferme non seulement pour soutenir l'aigle, sa femelle et ses petits, mais pour supporter aussi le poids d'une grande quantité de vivres; il n'est pas couvert par en haut et n'est abrité que par des parties de rocher. La femelle de l'aigle dépose ses œufs dans le milieu de cette aire; elle n'en pond que deux ou trois en elle les couve pendant 30 jours. Il n'y a ordinairement qu'un ou deux aiglons dans un nid. Lorsqu'ils commencent à être assez forts pour voler et pourvoir eux-mêmes à leur nourriture, le père et la mère les chassent au loin sans leur permettre de jamais revenir.

Le plumage des aiglons est d'abord blanc, ensuite d'un jaune pâle et devient plus tard d'un fauve assez vif. Les aigles redeviennent blancs par suite de vieillesse, de maladie, de privation de nourriture et d'une longue captivité. On dit qu'ils vivent plus de cent ans et qu'ils ne meurent pas seulement de vieillesse, mais de l'impossibilité où ils sont de prendre de la nourriture, parce qu'avec l'âge leur bec se recourbe si fort qu'il leur devient inutile. On a remarqué qu'on pouvait les nourrir avec toute sorte de chair, même avec celle des autres aigles, et que faute de viande, ils mangent très-bien du pain, des serpents, des lézards, &c.

On ne peut parvenir à apprivoiser l'aigle que lorsqu'on le prend tout jeune, et encore il n'est jamais assez doux pour que sa colère ne soit pas à craindre, même pour son maître. Lorsqu'il n'est pas apprivoisé, il mord cruellement les chats, les chiens et les hommes qui veulent l'approcher. Il jette de temps en temps un cri aigu, perçant et lamentable. Il boit très-rarement, et on croit même qu'il ne boit pas du tout lorsqu'il est en liberté, parce que le sang de ses victimes suffit pour le désaltérer.

La femelle de l'aigle est plus forte que le mâle; elle a jusqu'à un mètre de longueur, depuis le bout du bec jusqu'à l'extrémité des pieds, et près de 3 mètres d'envergure, c'est-à-dire de largeur lorsque ses ailes sont déployées. Elle pèse huit et même neuf kilogrammes; le mâle ne pèse guère que 6 kilog^{mes}. Tous deux ont le bec très-fort et assez semblable à de la corne bleue. Leurs ongles sont noirs et pointus, le plus grand a quelquefois jusqu'à 15 centimètres de longueur. La patte de l'aigle, comme celle de tous les autres oiseaux de proie se nomme 'serre', elle est d'une force extraordinaire.

L'aigle dont nous venons de parler est de la grande espèce. On le trouve dans les pays chauds et tempérés; on en rencontre en France, en Allemagne; il y en a aussi en Asie et en Afrique, mais pas en Amérique.

Il y a deux autres espèces d'aigles qui diffèrent sous plusieurs rapports du précédent; ce sont l'aigle commun et le petit aigle. Ils sont beaucoup moins grands et moins forts. Leur plumage est noir ou brun ou tacheté. L'aigle commun préfère les pays froids et se trouve dans les deux continents. Le petit aigle est moins courageux que les autres, il s'apprivoise plus aisément. On le trouve partout, excepté en Amérique.

Le Perroquet.

10ᵉ Leçon.

Le Perroquet est un oiseau remarquable par la beauté et la variété de son plumage, et par la facilité avec laquelle il imite les sons de la voix de l'homme.

Les Perroquets naissent en Asie, en Afrique et en Amérique. On ne voit en Europe que ceux qui y ont été apportés par les voyageurs.

On distingue un grand nombre d'espèces de Perroquets différents par la taille, les couleurs, la forme, les ornements.

Il y a de ces oiseaux qui sont de la grosseur d'un pigeon, d'autres sont plus petits, d'autres plus grands, mais ces derniers ne dépassent pas cinquante centimètres de longueur.

Les Perroquets ont le vol lourd et pesant, ce qui ne leur permet pas de franchir un grand espace. Leur bec, qui est arrondi, a beaucoup de force. Cet oiseau casse aisément des noyaux de fruits, il ronge le bois et fausse même les barreaux de sa cage pour peu qu'ils soient faibles. Il se sert de son bec plus que de ses pattes pour se suspendre et s'aider en montant; il s'appuie dessus en descendant comme sur un troisième pied. Leur langue, au contraire de celle de la plupart des oiseaux, est épaisse et très flexible.

Le Perroquet porte à son bec ses aliments avec ses doigts, il présente le morceau de côté et le ronge à l'aise. Sa nourriture se compose de presque toutes sortes de fruits et de graines. Lorsqu'il est apprivoisé, il mange de la plupart de nos aliments; il aime la viande, mais elle lui est contraire et lui donne une maladie, par suite de laquelle il suce et ronge des plumes. Il mange avec beaucoup de plaisir du pain trempé dans le vin ou dans le café.

On croit que les amandes amères font mourir les Perroquets. Le persil, pris même en petite quantité, leur est funeste. Dès qu'ils en ont mangé, il coule de leur bec une liqueur épaisse et gluante, et ils meurent ensuite en moins d'une heure ou deux.

Les Perroquets sont sujets à plusieurs maladies, surtout lorsqu'ils sont privés de leur liberté. Ils vivent assez long temps; la durée ordinaire de leur vie est de vingt à trente ans.

Ces oiseaux font, en général, leur nid dans des creux d'arbres; le Perroquet gris, que l'on trouve en Afrique, fait cependant son nid en terre. Les nègres, pour prendre les petits, enfoncent dans le trou un long bâton garni d'étoupes. L'oiseau pour se défendre, présente les pattes et s'embarrasse dans la filasse, de manière qu'on le retire aisément avec le bâton.

Le Perroquet que l'on nomme Ara, est un des plus beaux; sa tête est couverte de plumes du rouge le plus éclatant; il en est de même du cou et de la partie supérieure de son corps. Le dessus de la queue est rouge dans le milieu et bleu sur les côtés. Les longues plumes des ailes sont bleues aussi, les épaules sont vertes nuancées de jaune, la poitrine et le ventre sont d'un rouge brun très-riche.

Il y a beaucoup d'autres Perroquets de couleurs différentes, qui tous, sont très-beaux aussi. On en voit qui sont distingués par une huppe ou touffe de plumes dont la couleur varie selon les espèces.

En Amérique, les personnes qui font le commerce de ces oiseaux, ont trouvé le moyen de varier et de rendre plus riches les belles couleurs qui parent leur plumage. Elles font couler goutte à goutte dans les petites plaies qu'elles font aux jeunes Perroquets en leur arrachant des plumes, le sang d'une grenouille d'une espèce particulière; les plumes qui renaissent changent de couleur, et de vertes ou jaunes qu'elles étaient, deviennent orangées, couleur de rose ou panachées. Les Perroquets auxquels on a fait cette opération se nomment Perroquets *Tapirés*.

Mais ce n'est pas seulement parceque le Perroquet a un beau plumage, qu'il attire notre attention, c'est aussi parceque il peut répéter les mots que les hommes prononcent. Cependant il ne doit cet avantage qu'à la manière dont la nature l'a formé; car cette facilité est chez lui purement machinale. Il n'a pas plus d'intelligence que les autres oiseaux, c'est pourquoi l'on appelle Perroquet un enfant qui parle beaucoup ou qui répète sa leçon sans comprendre le sens des paroles qu'il prononce.

Les Perroquets, de même que les autres oiseaux susceptibles d'imiter la voix humaine, écoutent plus volontiers et répètent plus aisément la parole des enfants. C'est le soir, après leur repas, qu'il convient mieux de leur donner leçon parce qu'ils sont alors plus attentifs.

De tous les Perroquets, c'est celui que l'on nomme Jaco, qui parle le mieux et le plus facilement. Ce Perroquet vient d'Afrique, on l'a ainsi appelé parce que le mot Jaco est celui qu'il aime le mieux à prononcer. Tout son corps est d'un beau gris de perle et d'ardoise mêlés, plus blanc au ventre; sa queue est d'un beau rouge de vermillon; son bec est noir, ses pieds sont gris. Il semble imiter de préférence la voix des enfants, et on a aussi reconnu que les enfants lui apprenaient plus facilement à parler. Il siffle avec beaucoup plus de force et de netteté que l'homme; ses sons sont tellement perçants qu'on en est souvent étourdi. Il imite aussi tellement bien la voix de l'homme qu'il arrive fréquemment qu'on s'y trompe. On peut juger de son désir d'imiter par l'attention avec laquelle il écoute et par l'effort qu'il fait pour répéter. Il gazouille sans cesse quelques uns des mots qu'il vient d'entendre, et souvent on est étonné de lui entendre répéter qu'on n'avait pas pris la peine de lui apprendre. Il y en a qui veulent répéter les paroles sur certains petits airs; mais ils chantent faux et comme ils ne comprennent pas ce qu'ils disent, ils s'arrêtent presque toujours au milieu de leur chanson. Quelquefois, cependant, ils parlent assez à propos et répondent juste à ce qu'on leur demande. On rapporte qu'un Perroquet de cette espèce, qui appartenait au Roi Henri VIII étant tombé dans la Tamise, appela les bateliers à son secours, comme il avait entendu les passagers les appeler du rivage; on alla à lui, et il fut sauvé. Ils savent parfaitement imiter le rire aux éclats; on raconte qu'un certain Perroquet à qui on disait: riez, Perroquet, riez, riait effectivement, et l'instant d'après, s'écriait: ô le grand sot qui me fait rire! On demandait à un autre Perroquet qui habitait la chambre d'un malade: qui as-tu Perroquet? qu'as-tu? et il ne manquait jamais de répondre d'un ton plaintif: je suis malade. Ils retiennent fort bien les jurons, et beaucoup de personnes ont le tort de leur en apprendre. Ils imitent parfaitement tous les bruits qu'ils entendent, les cris des enfants, ceux des animaux, le miaulement du chat, les aboiements du chien et les cris des oiseaux; ils contrefont les ramoneurs, les marchands d'habits et la plupart des cris des rues; ils disent à merveille: Beau de lapins, habits galons, haut en bas &c°. Ils appellent les domestiques avec le même son de voix que le maître. Plus on fait de bruit autour d'eux, plus ils s'animent et plus ils crient. Il en est qui babillent la nuit en rêvant. Quelquefois ils se parlent à eux-mêmes, ils se disent: Donne la patte Jaco? et en même temps ils allongent la patte comme si on le leur demandait. Presque tous les Perroquets savent dire: As-tu déjeûné, Jaco? oui, oui, oui, — et de quoi? — du rôt. Ce sont là les choses qu'on leur dit le plus ordinairement.

Au moyen de cette imitation de la parole, le Perroquet est une espèce de société pour l'homme; On l'aime parce qu'il distrait et qu'il amuse. Quand on est seul, c'est une compagnie. On lui parle, il répond, il crie, il rit, il appelle. Ses petits mots surprennent quelquefois par leur justesse.

Le Perroquet a l'œil assuré, la contenance ferme et quelquefois l'air dédaigneux. Il semble qu'il soit fier de son beau plumage. Malgré ses imperfections, il montre de l'attachement, mais il n'est pas prodigue de son amitié, c'est-à-dire qu'il s'attache à peu de personnes: celles qui lui sont indifférentes ne doivent pas se permettre trop de familiarité envers lui; car il a le moyen, en les mordant cruellement, de les faire repentir de leur confiance.

Il est même assez sujet à prendre certaines gens en aversion; mais c'est quelquefois le souvenir de quelques méchancetés qu'on aura faites à lui ou aux personnes qu'il aime, qui cause cette disposition. Il a aussi beaucoup d'éloignement pour les individus qui ont la voix criarde; ils se laissent, au contraire, toucher par ceux qui ont la voix douce.

Paris. — Imprimerie de Ch. Lahure, rue de Fleurus, 9.